翻开此书，直面微观世界病毒与细胞不断搏弈的精彩瞬间，重温人类发现病毒、战胜疾病的非凡历程，探索生命奥秘与神奇，感受科学无穷魅力和伟大力量！

徐建国

中国工程院院士

传染病预防控制国家重点实验室主任

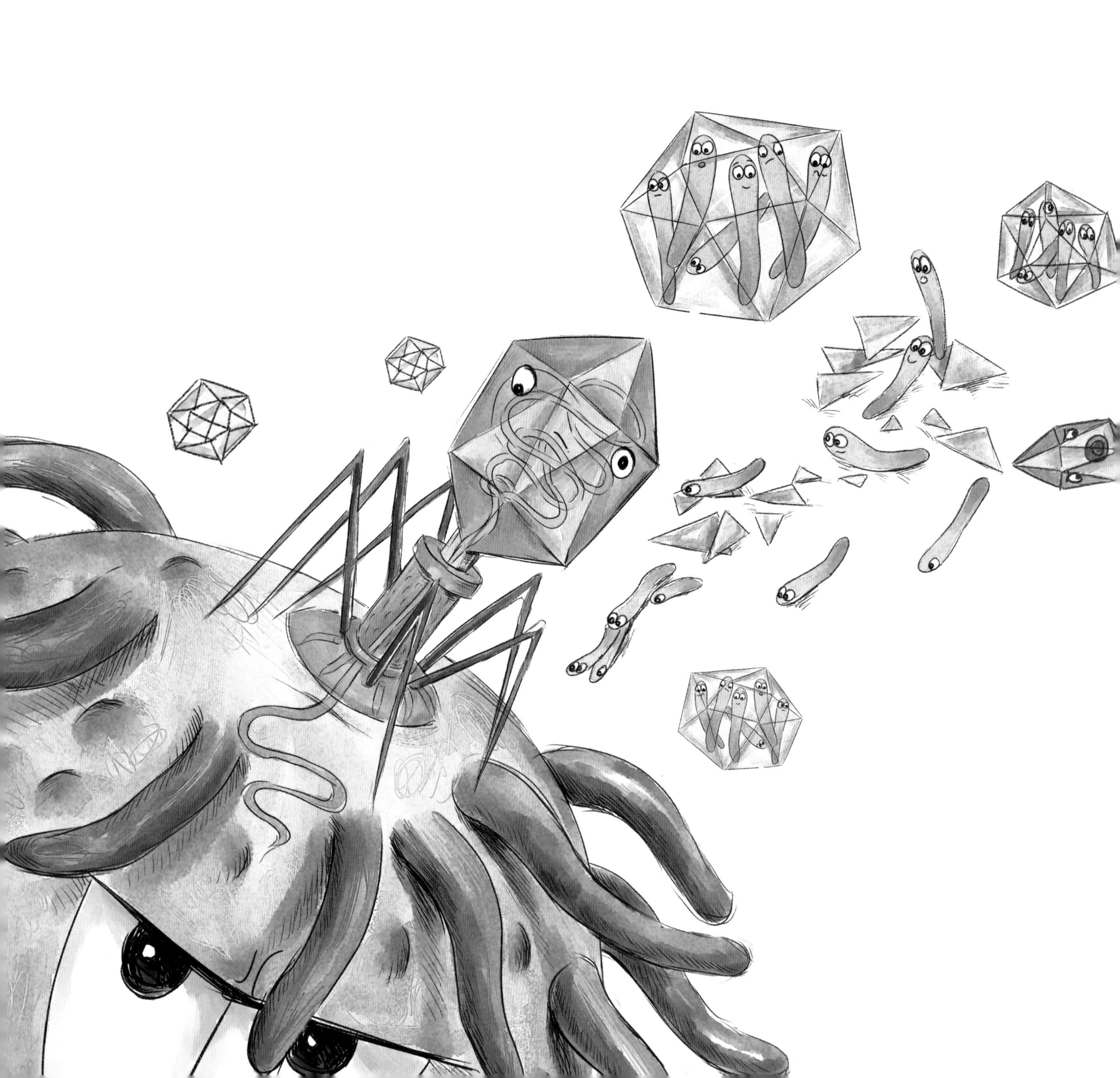

"小病毒 大世界"
健康科学绘本

# 细菌追捕行动

刘欢　陈逗逗◎著　心阅文化◎绘

长江出版传媒 | 长江少年儿童出版社

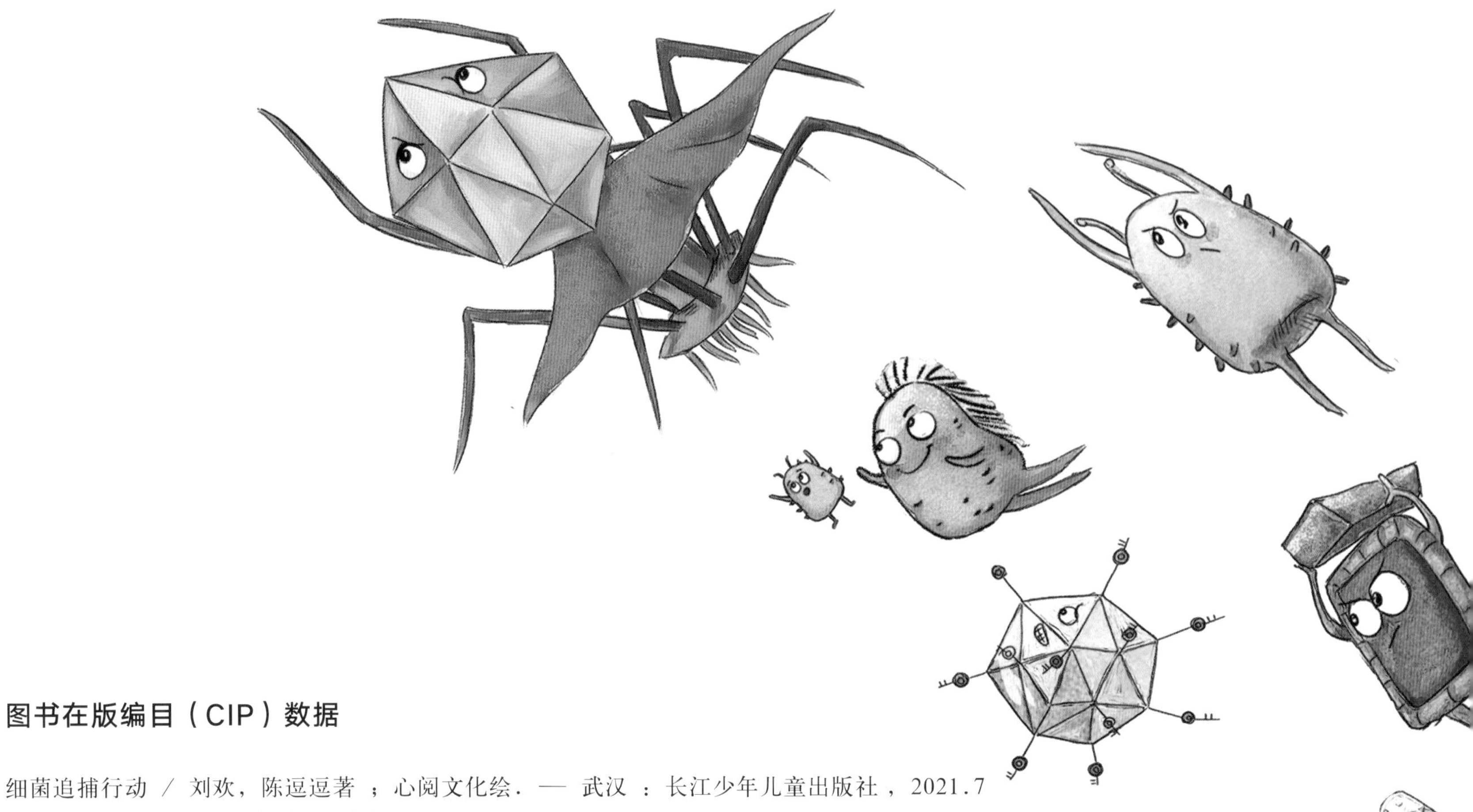


**图书在版编目（CIP）数据**

细菌追捕行动 / 刘欢，陈逗逗著 ；心阅文化绘． — 武汉 ：长江少年儿童出版社，2021.7
（“小病毒 大世界”健康科学绘本）
ISBN 978-7-5721-1230-0

Ⅰ．①细… Ⅱ．①刘… ②陈… ③心… Ⅲ．①病毒－少儿读物 Ⅳ．① Q939.4-49

中国版本图书馆 CIP 数据核字 (2021) 第 013404 号


## “小病毒 大世界”健康科学绘本 · 细菌追捕行动

“XIAO BINGDU DA SHIJIE” JIANKANG KEXUE HUIBEN · XIJUN ZHUIBU XINGDONG


作者：刘欢　陈逗逗　著　心阅文化　绘 / 出品人：何龙 / 总策划：姚磊　何少华 / 责任编辑：胡星　陈晓蔓　唐靓 / 设计指导：彭哲 / 视频讲解：高丁

美术编辑：徐晟　董曼 / 责任校对：莫大伟 / 绘画：心阅文化工作室　朱芳　王红节 / 出版发行：长江少年儿童出版社 / 业务电话：（027）87679174

网址：http: // www.cjcpg.com / 电子信箱：cjcpg_cp@163.com / 印刷：湖北新华印务有限公司 / 经销：新华书店湖北发行所 / 印张：3.33

版次：2021年7月第1版 / 印次：2021年7月第1次印刷 / 印数：1-10000册 / 规格：787毫米×1092毫米　1/12 / 书号：ISBN 978-7-5721-1230-0 / 定价：40.00元

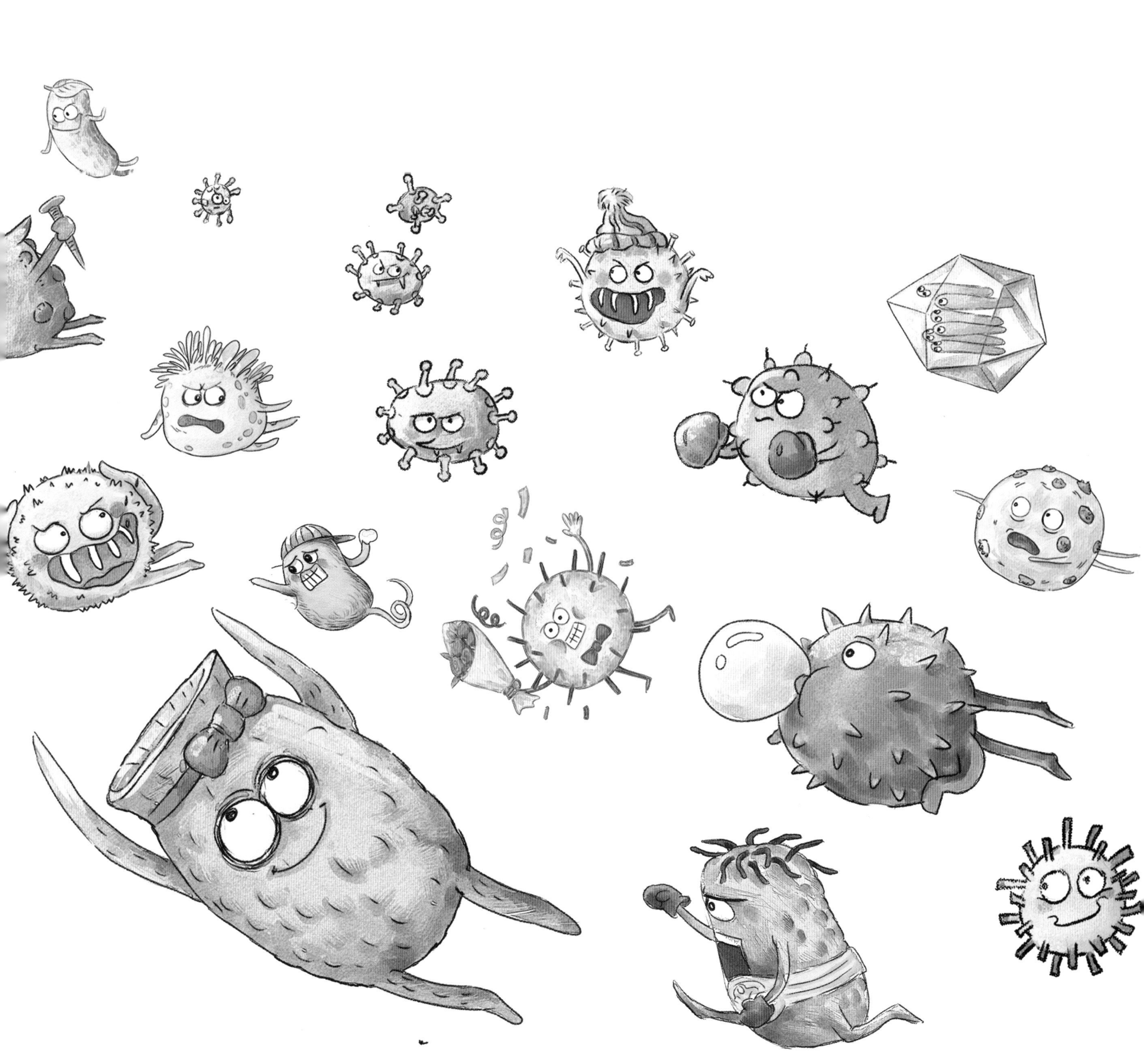

## 刘欢

中国科普作家协会理事，武汉科学普及研究会理事，亚太生物安全协会会员，国务院应对新型冠状病毒肺炎疫情联防联控机制科研攻关组专家。主要从事微生物学、病毒免疫、分子演化以及生物安全与健康教育研究。作品包括《剑与盾之歌：人类对抗病毒的精彩瞬间》《流感病毒：躲也躲不过的敌人》等，三次荣获全国优秀科普作品奖，两次入选全国优秀科普微视频作品，被评为中国科学院优秀科普图书、湖北省优秀科普作品、北京十大好书等。个人被授予国际科普作品大赛科普贡献者、湖北 70 年优秀科普工作者、“典赞 · 2020 科普中国”科普特别人物等荣誉称号。

## 陈逗逗

中国科学院武汉病毒研究所科研项目主管，长期从事科学传播工作，组织举办了科普作品大赛、“病毒小百科”征文大赛等活动。发表有《小儿麻痹症多久没听见了？ 24 年！》等科普文章。主创的《没有硝烟的战争：人类与流感病毒》等多部科普微视频，入选全国优秀科普微视频作品、中国科学院十大优秀科普微视频等。个人被授予“湖北省全国科普日先进个人”荣誉称号。

# 作者的话

病毒从哪里来？ 病毒都是可怕的敌人吗？ 怎样预防病毒引起的疾病呢？

在我们生活的这个蔚蓝星球上，病毒可以说是最神秘的生命形态之一。我们看不见也摸不着病毒，它们却与我们如影随形，时刻相伴。近年来，受到气候环境变化和人类频繁活动的影响，冠状病毒、流感病毒、埃博拉病毒等引起的传染病不时暴发，这些疾病流行性广、危害性大，严重影响了我们的身体健康和社会生活。

大家可曾认识和了解它们？ 现在，翻开这套《“小病毒 大世界”健康科学绘本》，病毒世界的面貌会栩栩如生地呈现在我们面前。

这套绘本图文俱佳，生动活泼的病毒形象，会带领我们走近病毒，踏上微观宇宙的启蒙之旅。在这里，大家可以了解生命的起源和人类发现病毒的历史，领略病毒与细胞之间没有硝烟的战场，体会人类掌握疫苗武器消灭传染病的伟大历程。更重要的是，大家在阅读后能学习到科学防范传染病的健康知识，认识到病毒、细菌、动植物包括人类都是大自然中的一员，从而树立起人与自然和谐共生的科学理念。

习近平总书记指出：“人类同疾病较量最有力的武器就是科学技术。”这套书还展现出在人类与病毒抗争的过程中科学技术发挥的巨大力量，以及伟大的科学家精神。小朋友们，了解对抗病毒的科学技术，体验科学发现的过程，探寻追求真理的方法，不仅有助于提升我们的科学素养，也有利于社会文明的进步。

强国之基在养蒙。愿这套小小的健康科学绘本，在大家心中种下科学的种子，培养探索世界的兴趣和开拓未来的勇气。接下来，让我们一起进入奇妙的病毒世界吧！

2015 年，一对夫妇在埃及游览美丽的尼罗河、壮观的金字塔。旅途中的一天，丈夫忽然感到腹部疼痛，甚至都无法进食。妻子认为他可能是得了急性胰腺炎，赶紧把他送到了医院。

“小病毒 大世界”
细菌追捕行动
趣味贴纸

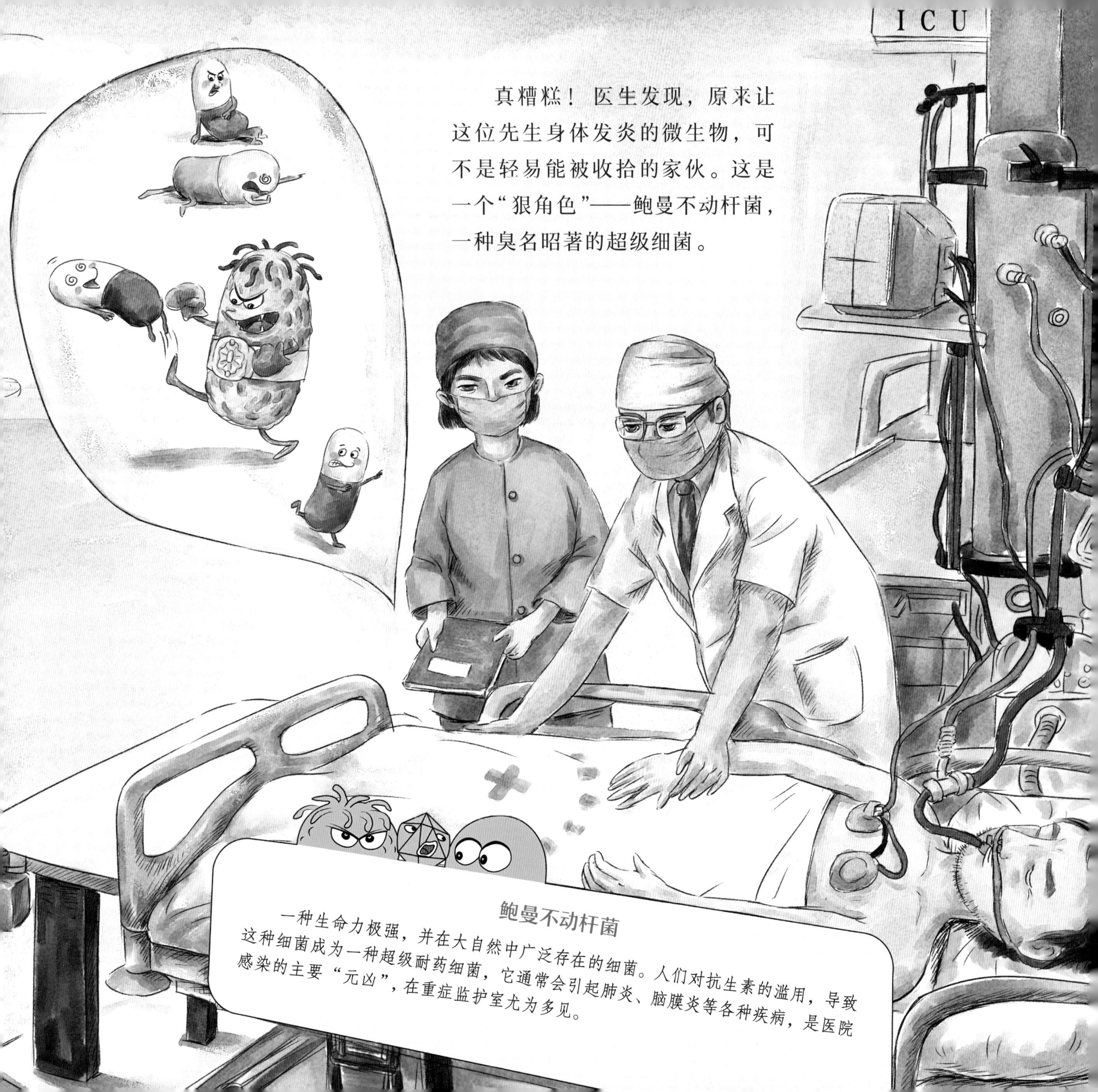


真糟糕！医生发现，原来让这位先生身体发炎的微生物，可不是轻易能被收拾的家伙。这是一个“狠角色”——鲍曼不动杆菌，一种臭名昭著的超级细菌。

**鲍曼不动杆菌**

一种生命力极强，并在大自然中广泛存在的细菌。人们对抗生素的滥用，导致这种细菌成为一种超级耐药细菌，它通常会引起肺炎、脑膜炎等各种疾病，是医院感染的主要“元凶”，在重症监护室尤为多见。

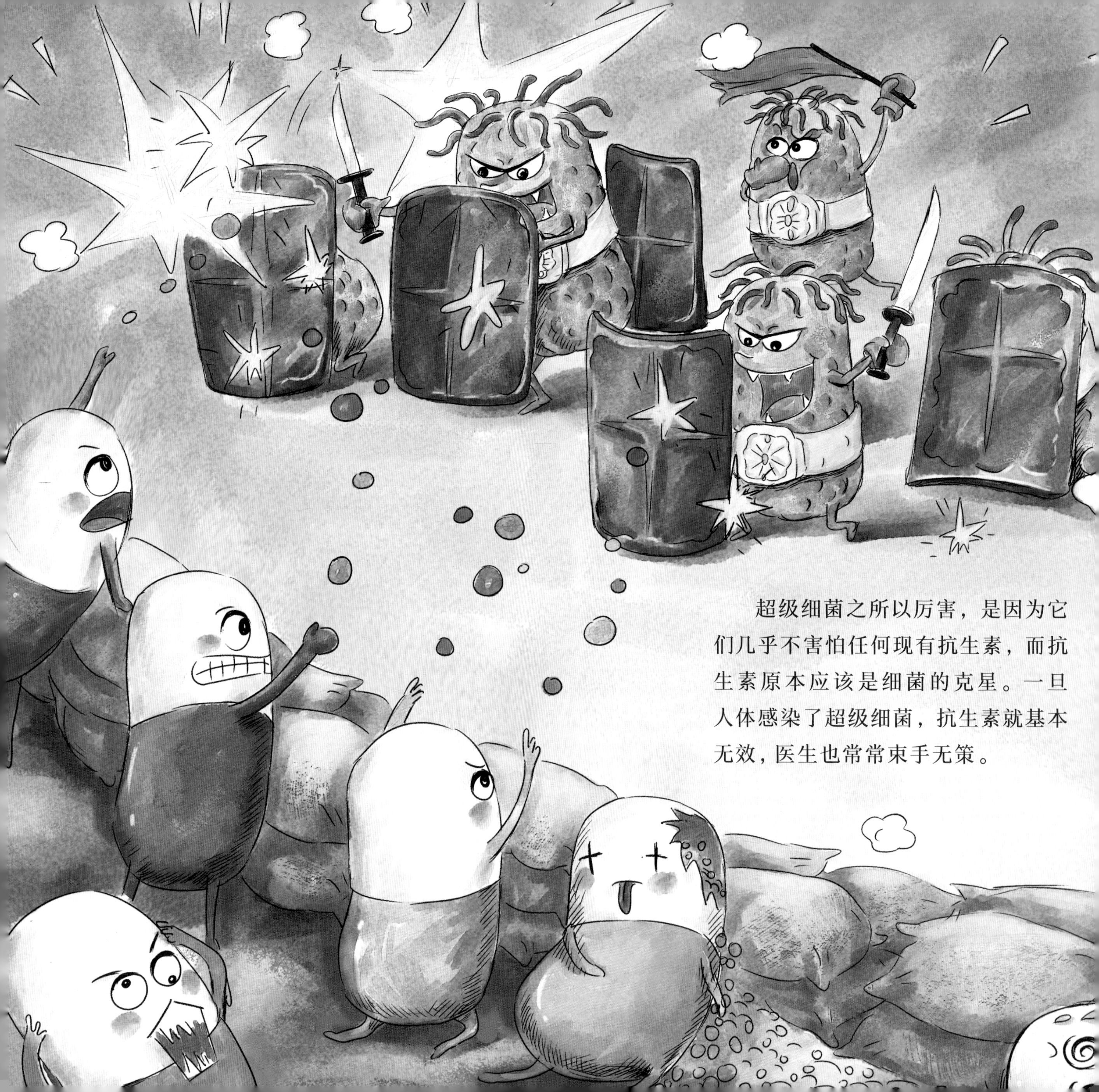

超级细菌之所以厉害，是因为它们几乎不害怕任何现有抗生素，而抗生素原本应该是细菌的克星。一旦人体感染了超级细菌，抗生素就基本无效，医生也常常束手无策。

### 抗生素

近百年前，人们发现一种霉菌会制造能杀死另一种细菌的神奇物质，这种物质就是最早发现的抗生素——青霉素，后来又发现了链霉素和头孢霉素。抗生素的使用要谨遵医嘱，不能乱用哦！

科学家发明抗生素后，抗生素与细菌缠斗了半个多世纪。但是，在抗生素的打击下，部分细菌“越挫越勇”。人们越来越多地使用甚至滥用抗生素，导致许多细菌渐渐摸清了抗生素的“底细”，最终炼就了“百药不侵”的超级细菌。

正当所有人束手无策时，身为医生的患者妻子同意了一种新的治疗方案，医生往患者身体里注射了一些“超级战士”。这些“超级战士”就是噬菌体，它们是一种专门“捕食”细菌的病毒，是细菌在自然界中的天敌。
噬菌体
噬菌体是以细菌细胞为宿主的病毒，是病毒中分布最广的群体。不管是在冰冷的深海，还是在炙热的火山口，都能寻得它们的踪迹。

这些机器人模样的“超级战士”，沿着人体的血管抵达身体被感染的部位，附着在超级细菌表面，用针管似的尾部在细菌细胞壁打开一个缺口，然后将藏在“大头”里面的遗传物质，迅速注入细菌内部。

如同其他病毒一样，噬菌体的遗传物质进入细菌细胞后，俨然变成了细胞中的“国王”，它下达命令让细菌大量生产噬菌体后代，从内部使细菌的细胞壁破裂，释放出新的噬菌体。

从噬菌体开始进攻细菌细胞到“菌破胞亡”，一般只需要 20 分钟时间，远快于细菌的繁殖速度。从被进攻的细菌体内释放后，噬菌体“机器人”会继续寻找下一个“倒霉”的细菌。据估算，只需要重复 4 次，一个噬菌体就能猎杀几十亿个细菌。

**细菌**

细菌是一种微生物，每一个细菌仅由一个细胞组成。细菌的形态多样，主要有球状、杆状、弧状以及螺旋状等。

据推测，噬菌体与细菌已经斗争了30亿年，这种古老而神秘的生命体是如何被发现的呢？19世纪末，一位科学家偶然得知，未经煮沸的印度恒河水中，存在着某种比细菌更小的物质，可以控制当地的霍乱疫情。

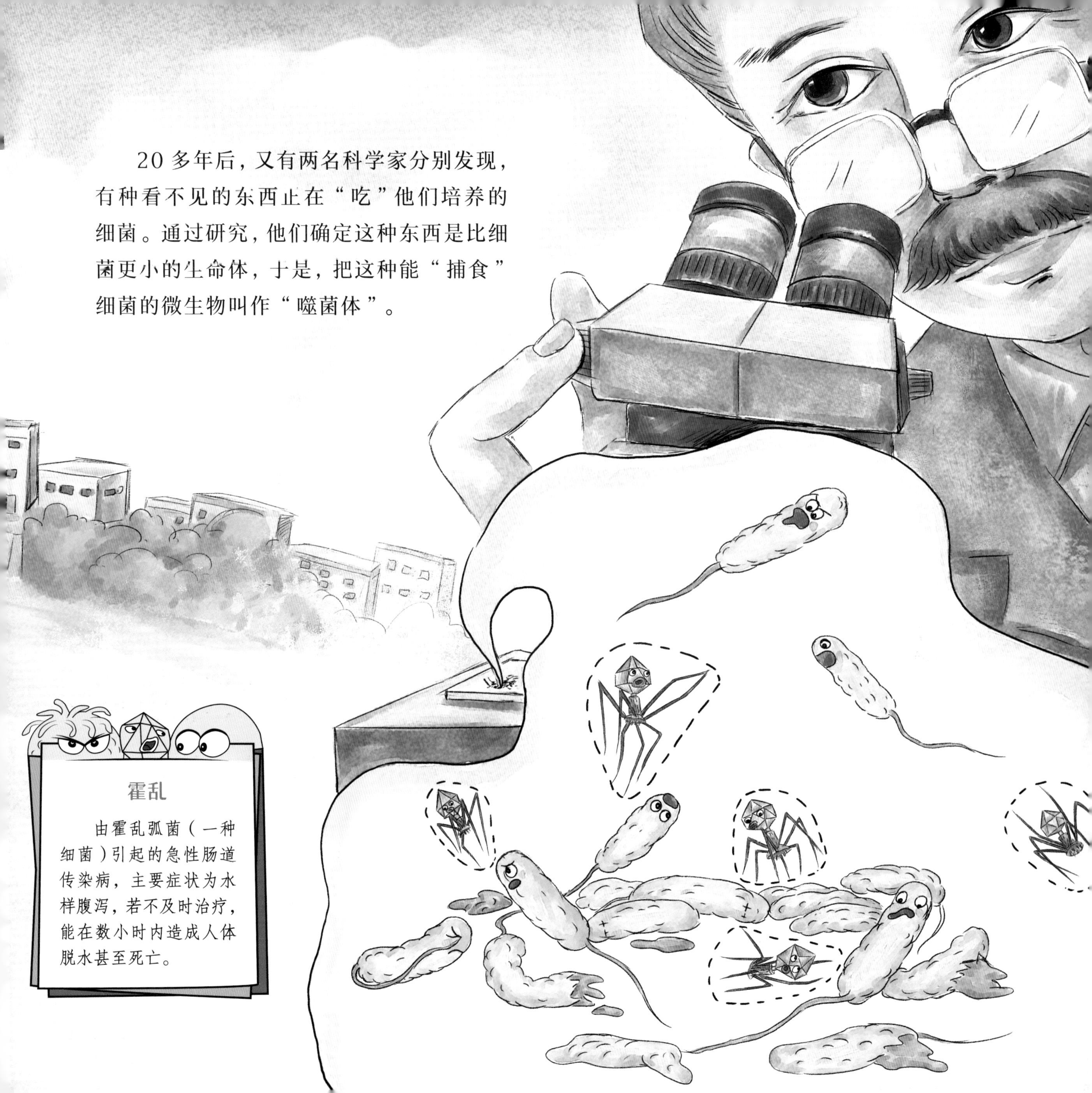

20多年后，又有两名科学家分别发现，有种看不见的东西正在“吃”他们培养的细菌。通过研究，他们确定这种东西是比细菌更小的生命体，于是，把这种能“捕食”细菌的微生物叫作“噬菌体”。

### 霍乱

由霍乱弧菌（一种细菌）引起的急性肠道传染病，主要症状为水样腹泻，若不及时治疗，能在数小时内造成人体脱水甚至死亡。

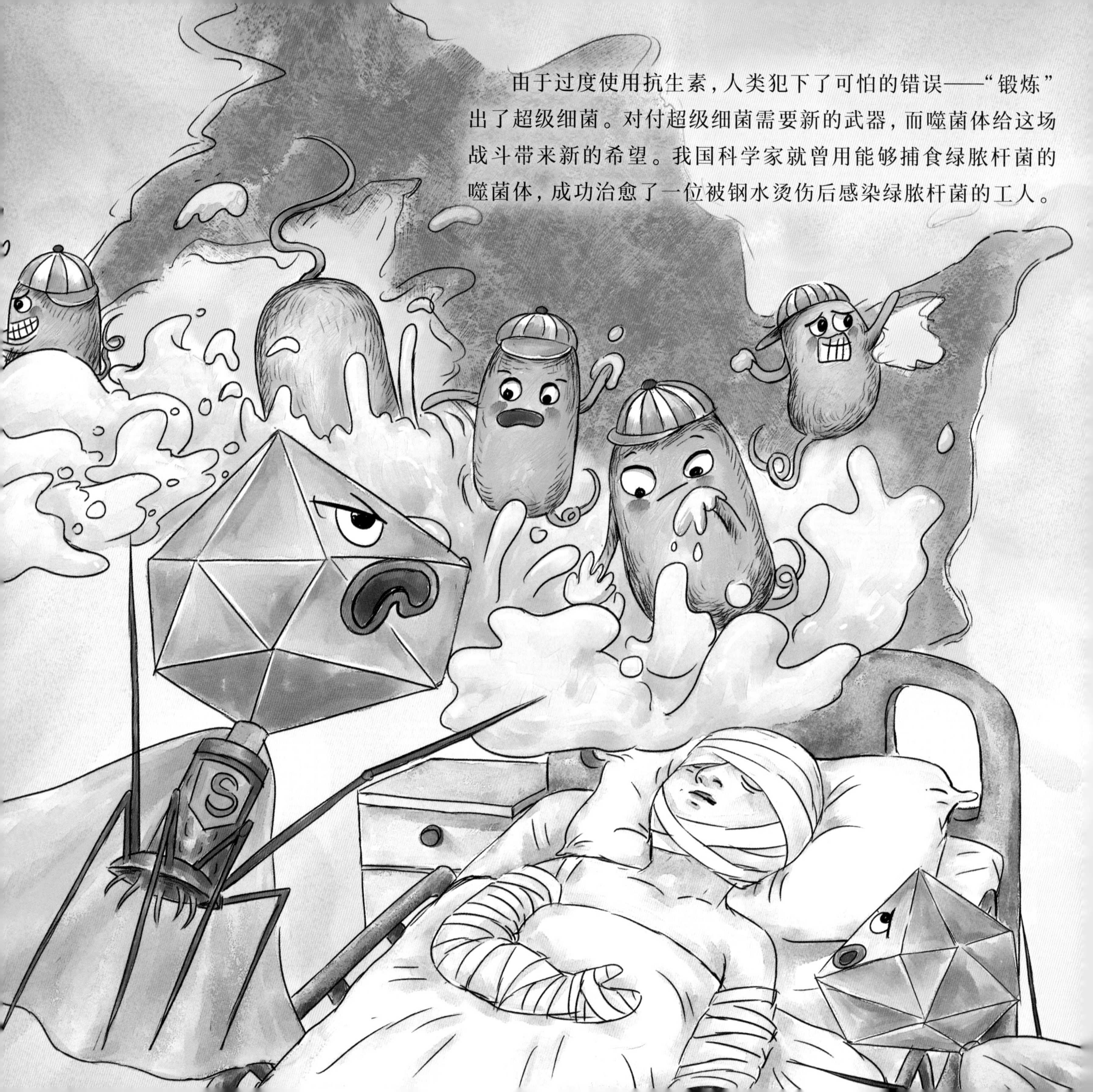

由于过度使用抗生素，人类犯下了可怕的错误——“锻炼”出了超级细菌。对付超级细菌需要新的武器，而噬菌体给这场战斗带来新的希望。我国科学家就曾用能够捕食绿脓杆菌的噬菌体，成功治愈了一位被钢水烫伤后感染绿脓杆菌的工人。

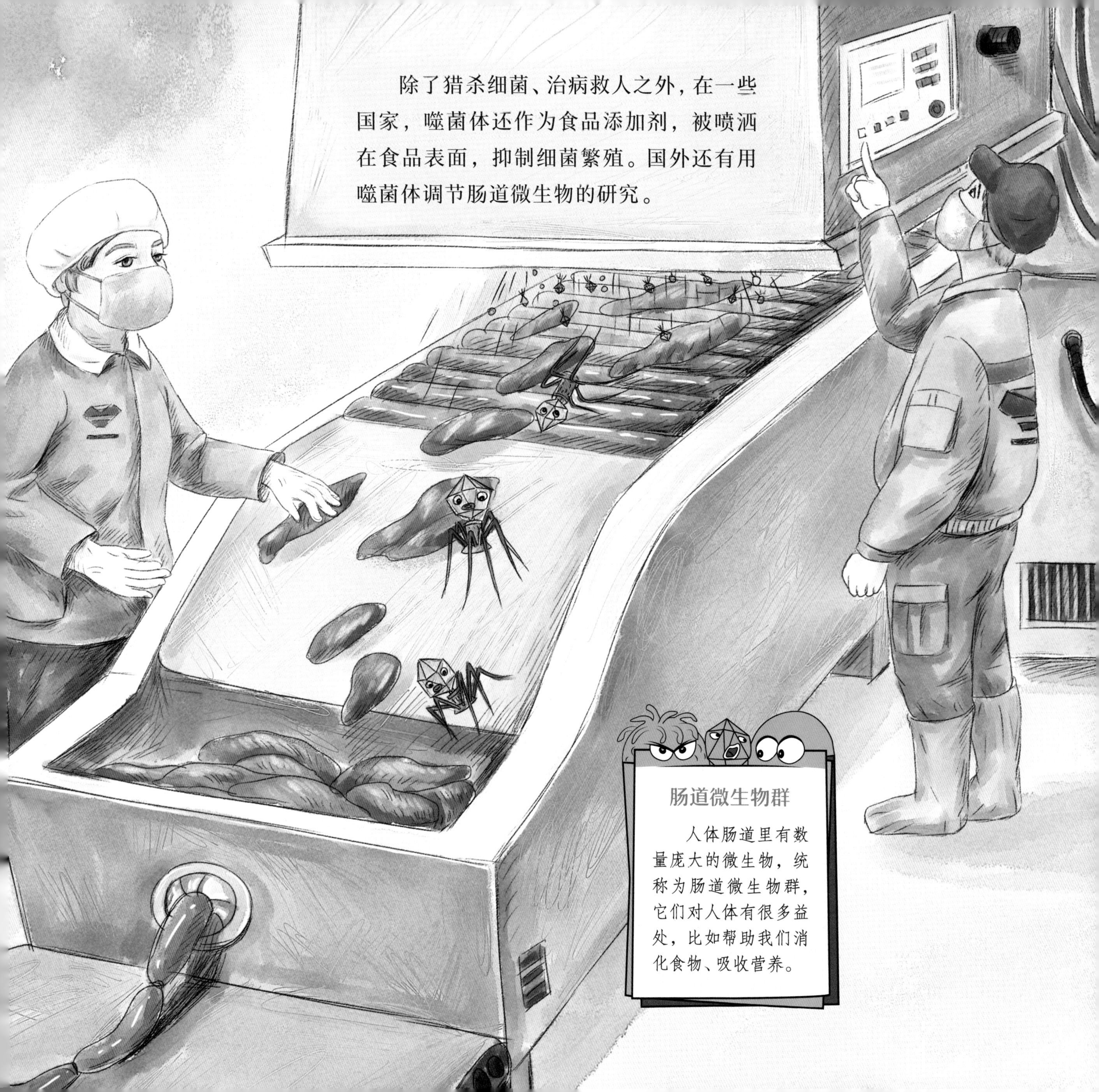

除了猎杀细菌、治病救人之外，在一些国家，噬菌体还作为食品添加剂，被喷洒在食品表面，抑制细菌繁殖。国外还有用噬菌体调节肠道微生物的研究。

## 肠道微生物群

人体肠道里有数量庞大的微生物，统称为肠道微生物群，它们对人体有很多益处，比如帮助我们消化食物、吸收营养。

相传，中国远古时期，黄帝的妻子嫘祖发现了一种白色的虫——蚕。蚕能吐丝，用蚕丝可以织出精美的衣物。从此，老百姓就开始养蚕织绸。中国是世界上最早饲养绢丝昆虫的国家。

家蚕饲养与耕织文明密不可分，而养蚕是一门精细的技术。人们常常发现饲养的家蚕会出现食欲减退、焦躁不安的现象，虫体环节之间肿胀如竹节，最终，可怜的家蚕生病流出脓汁而死亡。家蚕脓病真是为祸不浅！

### 家蚕脓病

家蚕的“脓病”从哪里来？养蚕人发现，蚕吃过被污染的桑叶就会生病。生病后的蚕会把这种疾病通过粪便等传染给健康的蚕，所以，家蚕脓病是一种具有传染性的昆虫疾病。

科学家发现，家蚕脓病原来是由一种病毒引起的，这是一类昆虫病毒，可以进入虫体内感染昆虫细胞。这些病毒藏匿于土壤、河流、空气中，尽管人类无法感知它们的存在，但是对于昆虫来说，昆虫病毒是可怕的致命“杀手”。

看哪，田地里的菠菜、油菜、萝卜长得绿油油的，多么诱人！一群群蛾子飞来又飞去，一条条虫子啃食着美味的菜叶。忽然，一场疾病在虫子间蔓延开来，虫子掉下菜叶纷纷死去。这是怎么回事？莫非虫子中间也发生了传染病？

### 核型多角体病毒

昆虫病毒的一类，病毒颗粒呈杆状，像一根根“短棍”，包埋于蛋白质晶格形成的多角体内。因为多角体是在昆虫细胞核中形成的，所以称为核型多角体病毒。

注意！ 注意！ 松树林里出现大量松毛虫，每棵松树上都有几十条，不及时控制，这场虫灾就要毁掉整片松林了。但是，松林里也有很多有益的昆虫，直接喷洒农药会误伤它们。这下该怎么办？

别着急，昆虫病毒这时就该登场啦！
“敌人的敌人就是朋友”，快用昆虫病毒
制造生物导弹消灭它们！
质型多角体病毒
昆虫病毒的一类。病毒颗粒为球状正二十面体，包埋于蛋白质晶格形成的多角体内。因为多角体是在昆虫细胞质中形成的，所以称为质型多角体病毒。

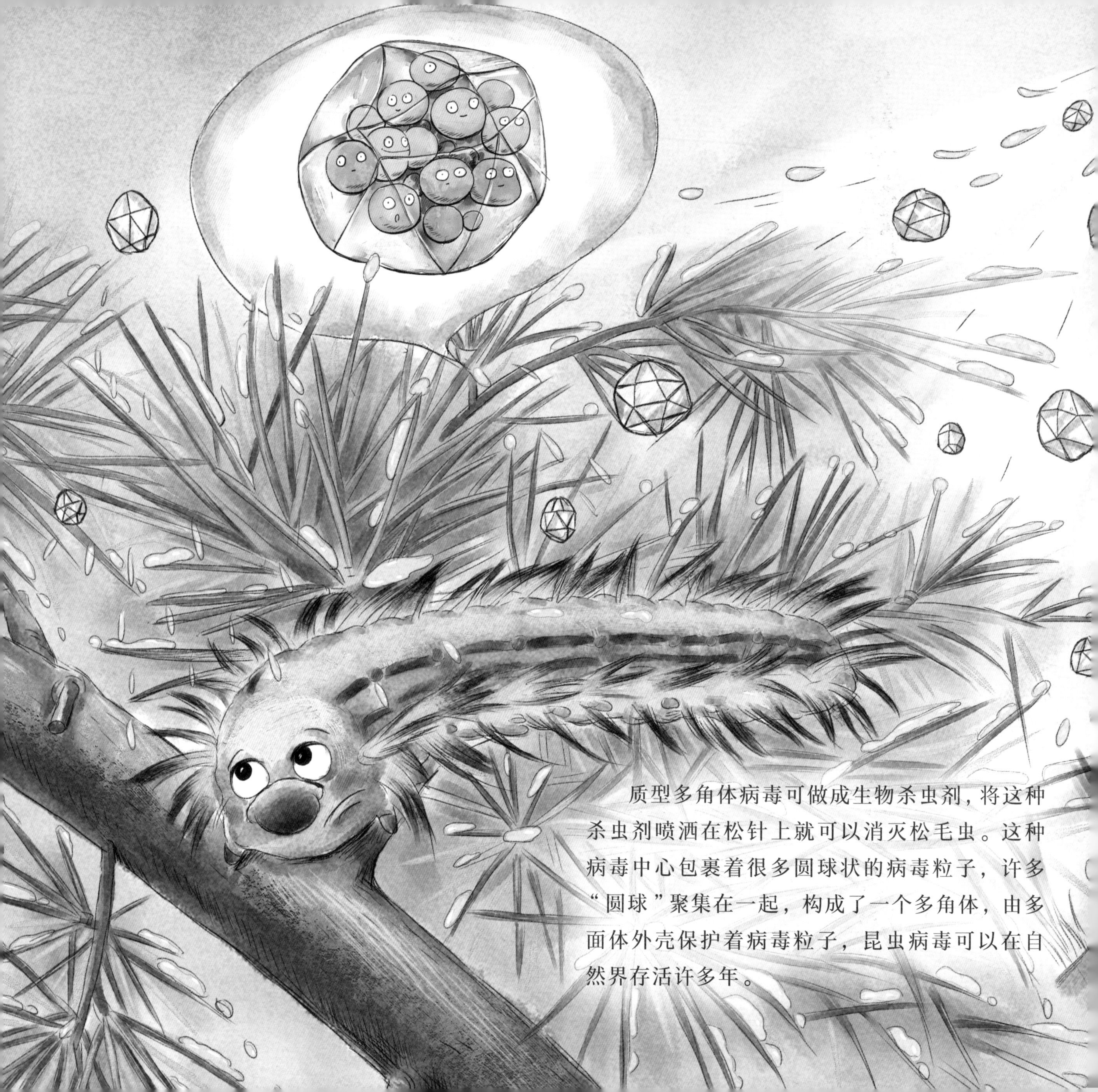

质型多角体病毒可做成生物杀虫剂，将这种杀虫剂喷洒在松针上就可以消灭松毛虫。这种病毒中心包裹着很多圆球状的病毒粒子，许多“圆球”聚集在一起，构成了一个多角体，由多面体外壳保护着病毒粒子，昆虫病毒可以在自然界存活许多年。

多角体在自然界中很稳定，但只要遇到虫子的消化液就会很快溶解。松毛虫啃食松针时，多角体也随之进入虫子体内，遇到消化液后立即溶解，把包裹着的昆虫病毒释放出来。

### 昆虫病毒的类型

昆虫病毒包括核型多角体病毒、质型多角体病毒等多种类型。科学家常用昆虫病毒制作生物杀虫剂，核型多角体病毒可用于消灭棉铃虫、甜菜夜蛾和甘蓝夜蛾等，质型多角体病毒可用于防治松毛虫等。

多角体中的昆虫病毒被释放出来以后，会利用昆虫细胞生产新的昆虫病毒。不过，它们并不着急释放出来，而是整齐地集合排列在一起，用多角体外壳将自己“武装”起来，保护自己不被环境中的紫外线等杀伤。

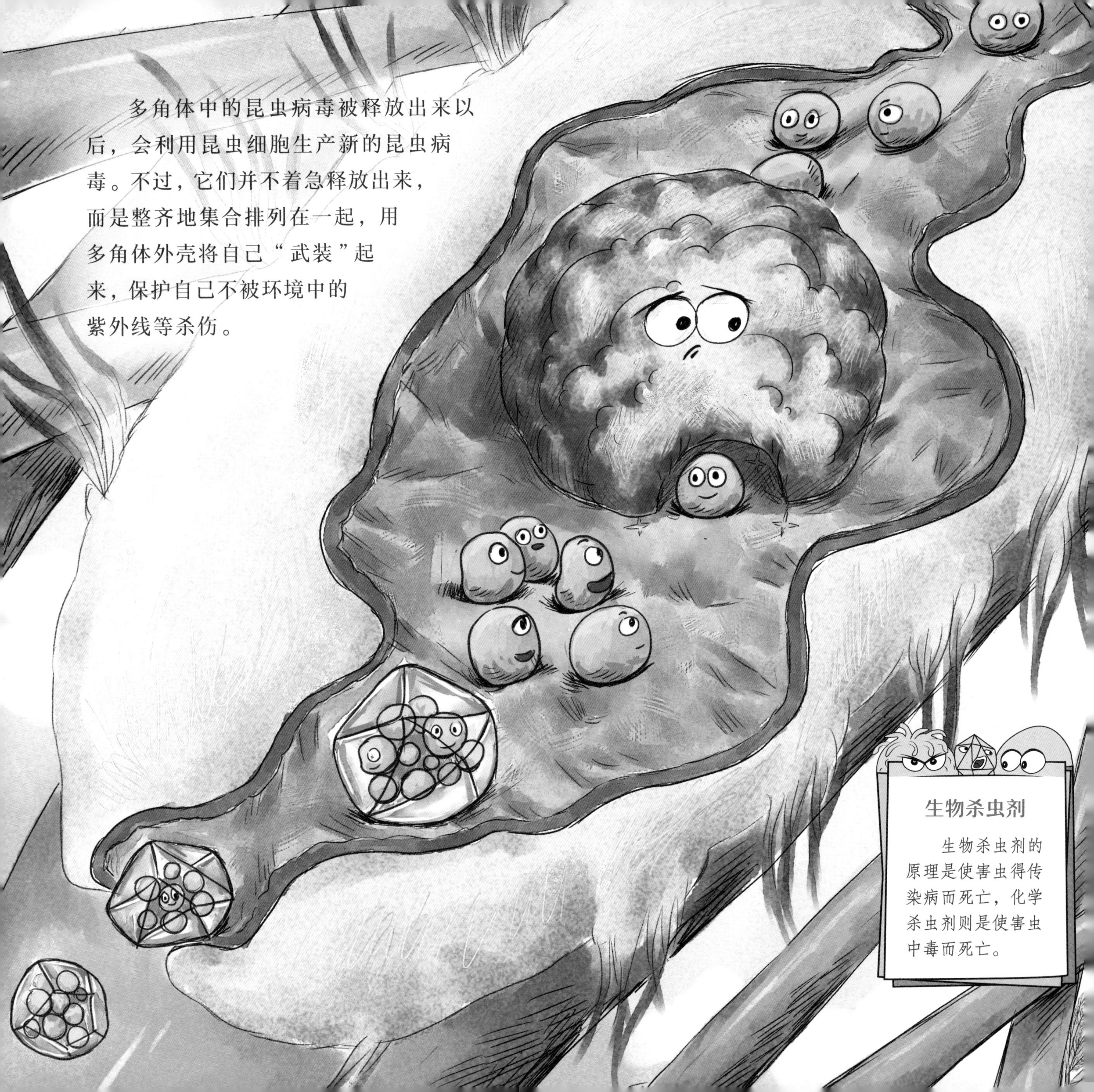

### 生物杀虫剂

生物杀虫剂的原理是使害虫得传染病而死亡，化学杀虫剂则是使害虫中毒而死亡。

通常，生物杀虫剂中的昆虫病毒只能感染一种害虫，不会危害益虫、人类和其他动物。就这样，人类利用昆虫病毒轻易制服了害虫，保护了绿色大自然。昆虫病毒还可以消灭危害玉米、棉花等农作物的害虫，是名副其实的“除害小能手”。

春夏之交，微风习习，绿柳依依，百花盛开。湖面波光粼粼，几只鸳鸯拨开水面，漾起一层层波纹，真是令人心旷神怡。深吸一口气，咦，这刺鼻的臭味是什么？湖水怎么变绿了？

原来，湖里被排放了许多污染物，随着气温升高，水中的蓝藻大量繁殖，产生了水华现象。这一现象造成湖水缺氧，阻碍了鱼儿的呼吸，还会使水质变差，散发出难闻的臭味。

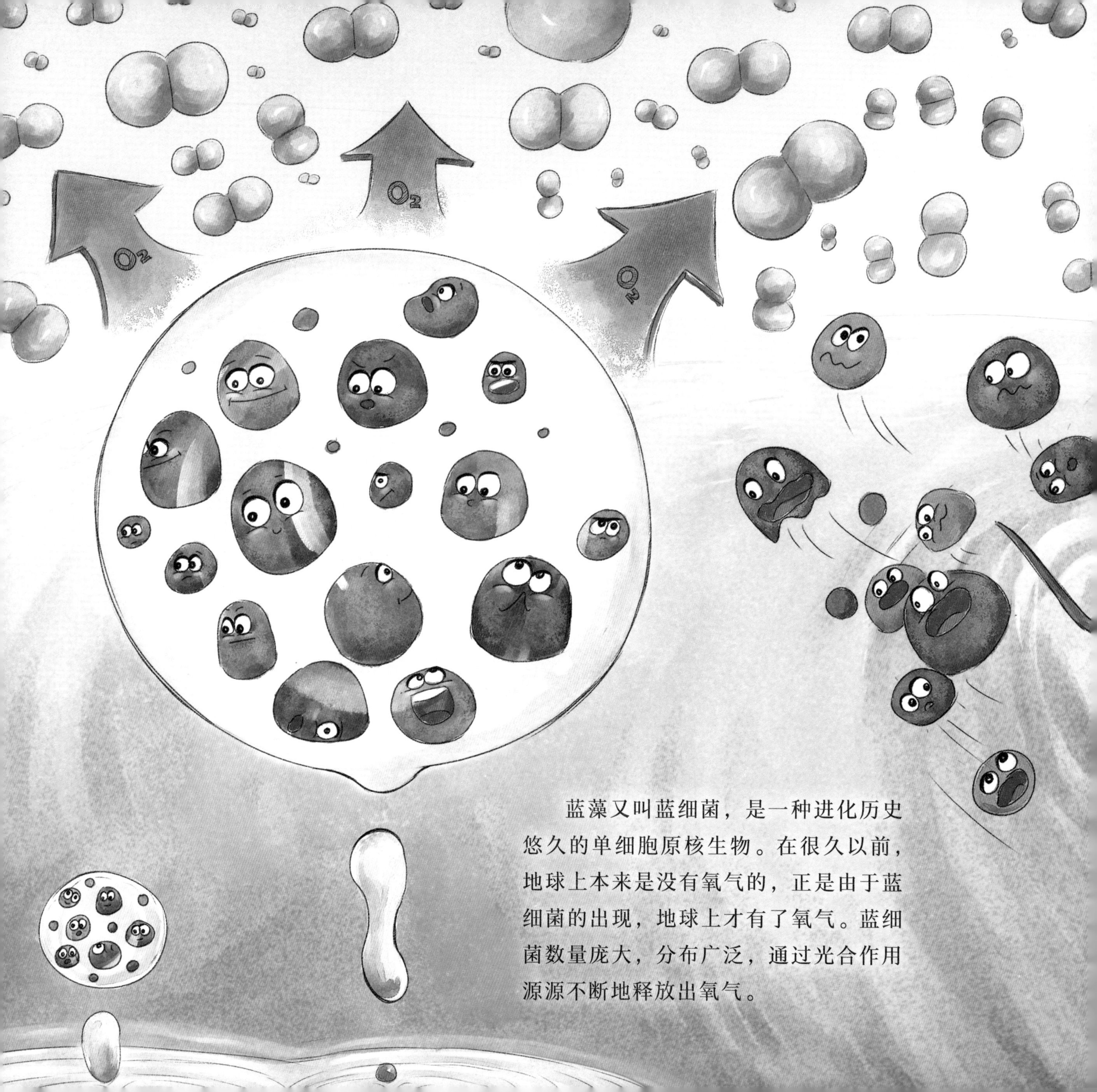


蓝藻又叫蓝细菌，是一种进化历史悠久的单细胞原核生物。在很久以前，地球上本来是没有氧气的，正是由于蓝细菌的出现，地球上才有了氧气。蓝细菌数量庞大，分布广泛，通过光合作用源源不断地释放出氧气。

## 碳循环

自然界中碳循环的基本过程主要是大气中的二氧化碳被陆地和海洋中的植物吸收，然后通过生物包括人类活动或者地质过程（火山喷发等），又以二氧化碳的形式返回大气中。光合作用也是碳循环的一种形式。

可是，如果蓝细菌过度生长，就会消耗氧气，并使水质变差。噬菌体正是维持蓝细菌数量适当、保持生态平衡的“自然精灵”。每天海洋中几乎有一半的细菌会被噬菌体杀死，并释放出数十亿吨碳物质，供给其他生物使用，是大自然碳循环的关键组成部分。

病毒虽然肉眼难见，但是小小的它有大大的能量。病毒能够引起疾病，却也因为能杀死细菌而被用于治疗疾病；病毒入侵细胞，却也因为这一特性而能被制成疫苗，刺激细胞对抗病毒。病毒不仅与人类息息相关，而且与微生物、植物、动物联系密切，是大自然中的一个重要角色。

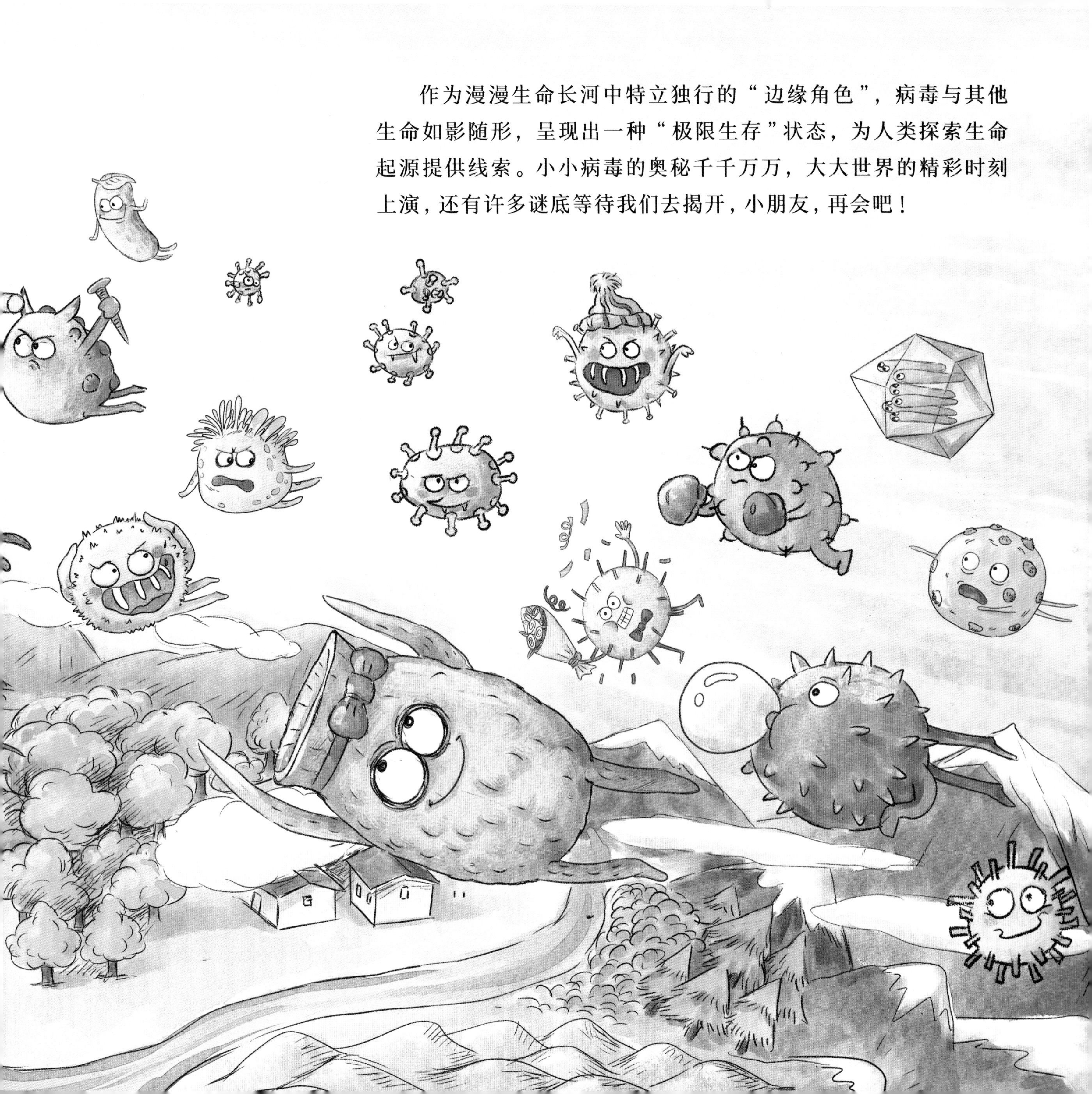

作为漫漫生命长河中特立独行的“边缘角色”，病毒与其他生命如影随形，呈现出一种“极限生存”状态，为人类探索生命起源提供线索。小小病毒的奥秘千千万万，大大世界的精彩时刻上演，还有许多谜底等待我们去揭开，小朋友，再会吧！

# 病毒粒子的自白

我是一个简简单单的流感病毒，但是我的结构非常精密和复杂，快来清清楚楚瞧一瞧吧！

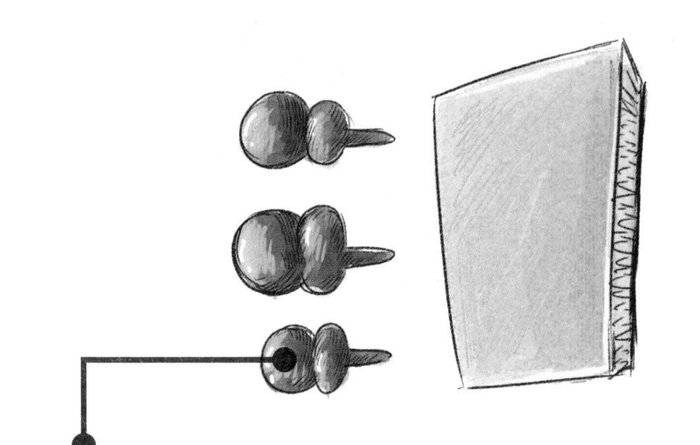

血凝素

位于囊膜表面，是病毒进入细胞的重要蛋白质。

囊膜

由脂质构成的膜，病毒通过囊膜进入细胞。